南疆特色经济作物生产技术丛书

南疆棉花
高效生产技术手册

全国农业技术推广服务中心 编

中国农业出版社

北 京

U0201937

编 写 人 员

主　　编：李　莉　白　岩　李雪源　陈常兵
副 主 编：梁亚军　买买提·莫明
　　　　　阿布来提·艾比布拉
参编人员：尚怀国　王俊铎　郑巨云　龚照龙
　　　　　艾先涛　吾斯曼　蔺国仓　丁　鑫

编者的话

南疆阿克苏、喀什、和田地区及克孜勒苏柯尔克孜自治州等四地州是全国"三区三州"深度贫困地区之一，是少数民族聚集区，也是棉花、果树、蔬菜等特色经济作物优势产区，这一地区的脱贫致富和乡村振兴关系到打赢脱贫攻坚战、全面建成小康社会，关系到边疆少数民族稳定和长治久安。

2017年，中共中央办公厅、国务院办公厅印发了《关于支持深度贫困地区脱贫攻坚的实施意见》，对深度贫困地区脱贫攻坚工作作出全面部署，农业农村部也先后制定了《支持深度贫困地区农业产业扶贫精准脱贫方案》和《"三区三州"等深度贫困地区特色农业扶贫行动工作方案》。为进一步贯彻落实意见要求和方案部署，加快实施对口帮扶南疆深度贫困定点县、村行动，有效指导当地特色产业发展、技术培训和主体培育，我们组织有关专家结合南疆特色经济作物生产实际和作物栽培特点编写了"南疆特色经济作物生产技术丛书"，以期为当地农业生产者提供技术指导与科技支撑。

由于资料繁杂，时间紧迫，且关于南疆地区的技术研究储备有限，书中不足和不妥之处在所难免，欢迎广大读者批评指正。

2019 年 7 月

目 录

编者的话

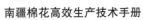

第一讲　棉花烂种、烂芽

症状表现：棉花烂种、烂芽发生在播种后至出苗前，因不良环境影响，导致已吸水膨胀的种子不能继续发芽，或开始萌动发芽的种子胚根不能继续伸长生长，或在规定的条件和时间内，胚根和下胚轴总长度小于种子长度的2倍，或无主根，或下胚轴畸形而出现的种子霉烂或芽腐烂的现象（图1）。棉花烂种、烂芽现象在新疆棉区早播棉田，尤其在北疆棉区经常出现。

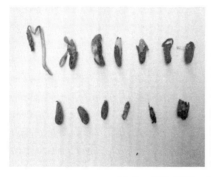

图1　棉花烂种、烂芽症状表现

发生原因：（1）低温冷害。低温冷害是棉花烂种、烂芽的主要原因。棉种萌发、胚根生长的最低临界温度为11～12℃，温度越高，萌发出苗越快。种子吸水膨胀后，气温若长时间持续保持在10℃以下，往往会发生烂种、烂芽。（2）土壤湿度大。土壤湿度大且伴随低温，则会加剧烂种、烂芽。当土壤持水量＞70％时，棉种吸水膨胀加快，当大部分棉种吸水膨胀后，伴随低温冷害的发生、土壤病菌的影响，就会加剧棉花烂种、烂芽的程度，产生大面积烂种、烂芽的现象。（3）种子抵抗低温能力差。

不同的品种、不同加工质量的种子，抵抗低温冷害能力不同。瘪子率高、破子率高、成熟度差的种子抵抗低温等逆境能力差，烂种、烂芽发生严重。

防治措施：（1）适墒整地。直播棉田田间持水量在70％左右时，适墒整地，做好耙、抹、切工作，保证土壤细碎、质地疏松、排水良好、上实下虚。土壤湿度过低，不利出全苗；土壤湿度过大，透气性差则易烂籽，应推迟整地或翻地后进行晾晒。（2）选用质量达到国家规定的种子质量标准的包衣种子，即种子饱满，破籽率＜5％，含水量＜12％，发芽率＞95％，纯度＞95％。并在播种前对种子进行精选和晾晒。（3）适期播种。当气温连续5天稳定回升到14℃以上，膜下5厘米地温稳定达到13℃以上，且实时气象没有灾害性天气时开始播种。当有倒春寒等气候过程时，应停止播种，避开灾害性天气过程。盐碱地、地下水位较高的棉田宜晚播。霜前播种，霜后出苗，播在冷尾，迎在暖头，可以避免霜害和冻害。要根据中长期天气预报，确定播期，防止过早播种。西北内陆南疆棉区适宜播期为4月1～15日，北疆为4月10～20日。（4）严格播种质量。播深应控制在2～3厘米、覆土厚度1～2厘米，防止播种过深或覆土过厚。（5）加强播后管理。若播后气温持续偏低，应勤中耕，提高地温，中耕深度10厘米左右为宜；若播后遇雨土壤板结或有杂草时，应及时破除板结、除草。

第二讲　棉花烂根

症状表现：棉花烂根主要指种子萌动后和幼苗时初生的幼根和次生根霉烂的现象（图2），或棉花根系发生根腐烂根的现象。

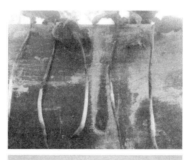

图2　棉花烂根症状表现

发生原因：（1）低温冷害。棉花种子发芽后，如果温度持续下降到10℃以下，就会发生低温冷害，初生的幼根会发生碳水化合物和氨基酸外渗，导致皮层崩溃而根尖死亡，即使随后温度回升，也只能在下胚轴基部生出次生根。幼苗时期，棉苗根际地温如降到14.5℃时，根系就会停止生长，如果低温持续时间3～5天，就会出现烂根现象，严重的导致死苗。（2）根际真菌。低温下过湿的土壤环境与根际真菌的作用,导致棉花发生烂根。(3)土壤湿度过大。土壤湿度过大会导致土壤氧气供应不足产生根腐。(4)肥害。肥害会导致棉花发生根腐。

防治措施:(1)适墒整地。(2)选用质量达到国家规定的种子质量标准的种子。且播种前对种子进行精选和晒种,提高播种品质。(3)适期播种。(4)严格播种质量。(5)加强播后棉田管理。(6)在棉花生长期加强肥水管理,防止渍害和肥害发生。

第三讲　棉花出苗困难

症状表现： 棉花出苗困难主要指种子萌动发芽后，随着胚轴的伸长，子叶长时间无法出土的现象（图3）。

图3　棉花缺苗断垄

发生原因：（1）播种过深、覆土过厚。播种深度＞3厘米，覆土厚度＞2厘米，导致子叶长时间在土下见不到阳光，不能进行光合作用，造成种子自养消耗殆尽，影响出土。（2）土壤质地黏重，雨后板结。播种后遇雨，导致土壤板结，特别是土壤质地黏重的棉田，土壤板结严重，造成棉苗难以出土。（3）出苗时持续低温。地温过低影响棉花出苗。棉花出苗温度一般需要16℃以上，出苗时如果遇到持续低于16℃以下温度，则会影响下胚轴伸长，造成出苗困难。有时造成种子自养消耗殆尽，胚轴无力将子叶顶出土壤。（4）播种层土壤墒情差。萌发出苗阶段，土壤湿度过低，土壤田间持水量＜60%，种子易落干，萌动的种子生长慢，影响发芽出苗。（5）种子播种品质差。成熟度不够、发芽势弱的种子，出苗困难。（6）土壤盐碱所致。0～20厘米耕作层中土壤可溶性总盐碱含量＞0.3％时，会抑制棉花出苗；正在出苗的棉花当遇到雨水引发次生盐渍化时，也会造成出苗困难。（7）播种阶段低温寡照，会推迟出苗。

防治措施：（1）创造良好土壤条件。做好黏重土壤改良，掺沙增施有机肥，保持土壤良好团粒结构。适墒整地，保证土壤持水量在70％左右适宜范围，提高土壤透气性。（2）选用质量达到国家规定的种子质量标准的种子，并在播种前对种子进行精选和晒种，提高播种品质。（3）适宜期播种。（4）严格播种质量。（5）加强播后管理。对正在顶土或刚出土的棉花，注意防止弄断棉花胚轴损伤子叶。采取人工或机械辅助出苗，对覆土后、顶土能力差的棉花，采用刮土板等工具去土出苗。（6）做好土壤盐碱改良。冬季或者早春进行储水灌溉，对土壤进行洗盐、压盐，灌溉后结合耕作，减少土表蒸发和降低耕作层积盐。

第四讲　棉花生长发育迟缓

症状表现：棉花生长发育迟缓表现为出苗、现蕾、开花、吐絮整个发育进程明显推迟，三桃比例不协调，无伏前桃，伏桃比例＜65％，秋桃比例＞20％，霜前花比例＜80％（图4）。

图4　棉花生长迟缓

发生原因：（1）播期晚。在新疆，4月底至5月初播种的棉花，易出现生长发育进程迟缓问题。（2）热量不足。若气温低于20℃，热量不足，导致棉株生长发育缓慢，各器官形成和发育推迟，直接造成晚熟、霜前花率低，乃至减产。（3）品种晚熟。选用品种生长发育进程慢。（4）栽培措施不配套。栽培措施没有体现促早熟栽培。（5）土壤黏重，造成前期棉花生长发育慢，而后期棉花生长势过强。（6）开花结铃期日均气温偏低。从开花到吐絮，需要 1 350～1 450℃活动积温，即日平均气温在 25～30℃时，铃期 50 天左右；当气温降到 15～25℃时，铃期会延长到 70天以上。（7）光照不足。播种阶段低温寡照，则出苗推迟。

　　防治措施：（1）促早栽培。选用早熟品种，适期早播，全程化控、肥水强度做到轻水轻肥或中水中肥，适时早打顶，早停水停肥。（2）科学调控。棉花生长前期喷施叶面肥、赤霉素等高效的植物生长调节剂，促进植物细胞体积的增大，调节植物体内营养物质的运输和分配。

第五讲 "帽子棉"

症状表现："帽子棉"主要指在棉花出苗阶段，子叶出土时，子叶戴着种壳出土，子叶不能及时展开的棉花（图5）。随着时间的推迟，大部分帽子棉的种壳会自然退去，但影响真叶的发出，易形成病苗、弱苗和大小苗，从而影响群体质量，对群体调控不利。帽子棉在棉花生产中普遍发生。

图5 "帽子棉"症状表现

发生原因：（1）环境因素影响。土壤墒情差，0～20厘米土壤持水量＜50％，气温偏高的环境下，棉种发芽出土较快，种壳未及时脱落。（2）播种质量不佳。播种深度较浅（＜2厘米）、土壤压实不紧密、覆土厚度不足（＜1厘米），导致种壳吸水不足，伴随气温偏高，出现帽子棉的比例往往偏高。（3）种子播种品质差。播种品质差的种子或出苗过快的品种，伴随上述原因，出现帽子棉比例高。

防治措施：（1）选用优良种子。选用成熟饱满，发芽势强，破籽率＜5％，含水量＜12％，发芽率＞85％的种子，播种前做好精选和晒种工作。（2）做好土壤准备。土壤准备做到"墒、松、碎、齐、平、净"六字标准，特别是做到"碎、平、墒"是减少帽子棉的基本要求。碎：做到土壤细碎（无直径2厘米以上的土块）、质地疏松、排水良好、上实下虚；平：做到棉田边角整齐，地面平整，坡度小于0.3％，有利于管理，防止灌溉不匀，有条件的可用激光平地机平地；墒：做到播种时土壤墒情良好。直播棉田的田间土壤持水量以略高于70％为宜。（3）适期播种。南疆棉区适宜播期为4月1～15日，北疆为4月10～20日。（4）严格播种质量。控制好播种深度和覆土厚度：播种做到下种均匀、深浅一致，播种深度2～3厘米，沙性土壤播深3～4厘米；铺膜要紧实，覆土要严实：铺膜质量要平、直、紧贴地面，保证铺膜时将膜展平拉紧，与地面紧贴，侧膜压埋紧实，并用碎土将膜的两边及两头盖严压实，既防治大风揭膜，又增温保墒，对减少帽子棉具有重要作用。（5）加强播种后至出苗期间的田间管理。播种后遇雨应及时进行耙地，破除板结，减少水分蒸发，抑制盐分上升。播后气温持续偏低情况下，采取勤中耕，增温、保墒、抑盐，减少帽子棉。

第六讲　棉花大小苗

症状表现： 棉花"大小苗"主要指出苗后至现蕾期间，棉田中显著存在大小不一致的棉株（图6），包括不同高度的棉株、不同叶龄的棉株、壮旺弱苗并存的棉株等。大小苗影响棉花生长整齐度，特别是中后期大小苗交互影响，使棉花群体结构、个体结构不合理，导致空株、弱株棉花比例上升，影响棉花总成铃数，也给棉花管理带来一定困难。

图6　棉花大小苗症状表现

发生原因：（1）不利的气候条件。早春的低温、冷害、大风

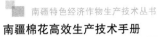
天气，导致棉花出苗率低，出苗不整齐一致。（2）不利的土壤环境，如土壤墒情差、盐碱重、透气性差。（3）种子质量差。萌芽率低、成熟度差、破籽率高、芽势弱的种子出苗差异大。（4）播种和播后管理把控不严。播种深浅不一、覆土厚薄不一、膜孔覆土不严、地膜压埋不实、放苗补种不及时、低温雨后管理不到位等，都会导致出苗快慢差异。（5）苗期化控不及时。

防治措施：（1）土壤达到"碎、平、墒"基本要求，即土壤细碎（无直径2厘米以上的土块），质地疏松；棉田平整、边角整齐，坡度小于0.3％；做好基础灌溉（冬灌、春灌）或干播湿出，培肥地力，施好基肥，土壤持水量保持在70％左右。（2）选用优良种子。（3）严格播种质量。采用精量播种机播种，检查穴播器下种是否正常，播种机行走速度11千米/小时，深度一致，调节好覆土器，做到覆土均匀，膜孔覆土严实。（4）加强播后管理。播后在地膜上每隔5～10米压土防揭膜，播后7～10天开始观察出苗，查苗、放苗，对缺苗断垄及时补种。播后气温持续偏低情况下，采取勤中耕方法，提高地温，中耕深度10厘米左右为宜。播种后遇雨土壤板结或有杂草时，应及时破除板结、除草。（5）做好化控。苗期大小苗严重棉田，采用缩节胺调控，控大促小。叶面喷施缩节胺0.5～1克/亩，每隔7天喷施1次，连续喷施2～3次。

第七讲　棉花"高脚苗"

症状表现："高脚苗"指棉花出苗后至幼苗生长阶段，子叶节偏高（子叶节高度＞7厘米），棉花生长偏旺，主茎生长快（主茎日增长量＞0.5厘米），果枝始节高（果枝始节高度＞30厘米）的棉苗（图7）。

发生原因：（1）气温偏高或土壤墒情偏大。当气温＞20℃，土壤持水量＞65％时，容易造成出苗快、子叶节偏高。出苗阶段，当气温＞25℃，土壤底墒充足的情况下，营养生长明显偏旺，主茎日增长量＞0.5厘米，导致第一果枝节位升高。（2）未及时化控。

防治措施：（1）及时定苗。出苗现行后定苗或一叶一心期定苗，避免定苗晚形成高脚苗。（2）做好化控。棉花子叶展平、现行后，亩*喷施0.7～1.0克缩节胺。随后根据棉花主茎生长量和植株高度，亩喷施缩节胺1.5克进行调控。

图7 棉花"高脚苗"

第八讲 棉花苗期旺苗

症状表现：表现为高脚苗（子叶节＞7厘米），主茎日生长量＞0.45厘米/天，株高＞株宽，红茎比偏低（＜0.4），主茎节间长度偏长（＞7厘米），叶色淡绿，现蕾时的株高＞30厘米，现蕾推迟（图8）。

图8 苗期旺苗

发生原因：（1）气温偏高（平均气温＞25℃）往往使营养生长偏旺，从而抬高果枝始节，形成高脚苗。（2）土壤湿度过大，0～20厘米土壤持水量＞65％，不利于根系下扎。

防治措施：（1）及时化控。根据棉花长势，亩喷施0.7～1.0克缩节胺，及时化控。（2）中耕散墒。保持田间持水量在55％～65％，从而达到控制地上部生长、促进地下根系发育的目的。

第九讲 棉花苗期弱苗

症状表现：表现为棉花生长缓慢，僵苗不发，主茎日增长量<0.4厘米/天，主茎叶龄日增长量<0.15片/天，红茎比>0.6，多头棉、破叶棉比例高，现蕾时株高<20厘米，叶色暗绿（图9）。

图9 苗期弱苗

发生原因：（1）不利的气候条件，如低温、冷害、倒春寒、大风等。温度低于棉花幼苗生长的最低温度16℃，造成棉苗长势弱，易发生病苗、死苗，也不利于花芽分化。（2）土壤黏重、板结、盐碱重。（3）病虫为害严重。（4）土壤偏干，0～20厘米

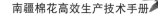

土壤持水量<50%。苗期土壤水分过少影响棉苗早发。

防治措施：（1）一般每亩用100～200克尿素、磷酸二氢钾水溶液，或赤霉素1 000～1 500倍液，喷施1～2次。缺锌棉田喷施0.1%～0.3%硫酸锌液。（2）及时中耕。（3）做好棉蓟马、地老虎及棉花烂根病和苗病的防治。（4）提早灌水，亩滴灌15～20米³，随水亩追施5～8千克尿素，以促进生长，搭好丰产架子。

第十讲 棉花叶片黄化

症状表现：一般表现为叶片变黄、皱缩甚至脱落（图10）。

图 10 棉花叶片黄花症状表现

发生原因：导致棉花叶片黄化的原因较多，生物胁迫往往通过病菌产生毒素堵塞破坏导管组织产生黄化，叶片萎蔫干枯；而土壤缺素等非生物胁迫导致的黄化一般不萎蔫。应正确判断导致黄化的原因，进行科学防治。

防治措施：（1）对于干旱缺水引起的叶片发黄，做好水肥管理，防止棉花受旱或脱肥。（2）喷施叶面肥或植物生长调节剂，增加养分，促进棉花生长，增强自身恢复能力。（3）对于病害引起的叶片发黄，使用多菌灵、甲基托布津等常用杀菌剂进行防治。（4）对于蔽荫棉田造成的棉株下部叶片发黄脱落的现象，要提高棉田通风透光，及时中耕，提高地温，降低棉田湿度。

第十一讲　棉花叶片萎蔫

症状表现： 棉花叶片萎蔫是指棉花生长中出现的不同程度叶片萎蔫的现象（图 11）。有的持续时间长、有的持续时间短，有的可恢复、有的不能恢复。

图 11　棉花叶片萎蔫症状表现

发生原因： （1）土壤持水不足。（2）病虫为害或湿度过大引起的根腐。（3）植株缺铜、硼、钙导致的根系生长停止。（4）雨后次生盐渍化引起的假旱。（5）过于强烈的高温蒸腾。（6）盐害或施肥过多。土壤电导度 EC 值高且硝态氮多时，发生施肥引起的浓度障碍导致的棉花生长异常。土壤电导度 EC 值高，硝态氮少而氯离子高时，就可能是盐害；如果硝态氮和氯离子都低而硫酸根高时，就可能为酸性土壤。

防治措施：（1）改良土壤。通过冬灌、春灌压盐洗盐，通过盐碱改良剂及其他生物工程改良盐碱。（2）合理灌溉。膜下滴灌棉田一般全生育期滴灌 8～12 次，每次滴灌间隔 5～8 天，保水能力差的沙土地花铃期每次间隔 5 天左右，每次每亩滴灌量以 20～40 米^3 为宜。其中盛蕾期、初花期和 8 月底至 9 月初亩滴灌量 20～25 米^3，花铃期滴灌量为 30～40 米^3。对于沟灌棉田，一般在一水后的 15～20 天开始浇花铃水，花铃期灌水 2～3 次，每次间隔 15 天左右，亩浇水量 80～100 米^3。（3）合理施肥。做到平衡施肥，结合灌溉，每次追施尿素 3～6 千克/亩，补施磷酸二铵 5～10 千克/亩。（4）做好枯黄萎病（枯萎病、黄萎病）防治。

第十二讲　棉花花铃期旺长

症状表现： 一般表现为株高过高（90厘米以上），群体过大，棉花大行过早封行，底部没有可见光斑，中下部棉铃、果枝叶受光差，棉花营养器官过嫩，株顶过嫩，枝叶繁茂，叶片肥大，叶色鲜嫩，顶芽绿嫩，花位低，7月中旬花位还在下部，8月中旬还未断花。叶面积指数（LAI）＞4.0，枝条赘芽多，田间郁闭，通风透光差。棉铃脱落严重，蕾、花、铃少，伴随贪青晚熟，发育进程慢，生长势过强等。铃病多，群体光合能力弱，耐密性差（图12）。

图12　花铃期旺长棉株

发生原因： 既有单一因素，更多是多种因素综合作用导致棉花营养生长与生殖生长失去平衡，棉株茎、枝、叶、顶端生长点等器官出现过度生长。包括技术原因，即没有按照棉花栽培技规程合理进行肥水、化学、机械物理（揭膜、打顶、中耕）调控，肥水、化学、机械物理调控的时间强度失调，肥水投入太大。

防治措施：（1）根据土壤持水量、天气、棉花长势长相有针对性进行肥水化学调控。旺长棉田，采取以控为主，稳水、稳肥、稳化控为特征的组合调控措施，及时采取化控、水控、肥控、机械物理调控，减少滴灌频次、降低滴灌强度和施肥强度，滴灌追肥间隔周期由 7～10 天调整为 10～15 天，滴灌量 20～30 米^3/亩，亩追施滴灌肥 3～5 千克。（2）做好化控。亩喷施缩节胺 5～10 克/亩，控制枝尖生长，特别是在 8 月上旬，保障合理叶面积指数，塑造合理群体结构，避免造成营养旺、结构大、通风透光差等问题。

第十三讲　棉花花铃期早衰

症状表现：表现为株高过矮（＜60 厘米以上），群体过小，叶面积指数＜3.0，棉花大行裸露，营养器官衰老，顶端过早生长抑制或停止，枝短叶衰，叶色灰暗，发育进程快，7 月中旬花位已到上部，7 月底断花，蕾花铃脱落重（图 13）。

图 13　早衰棉花症状表现

发生原因：（1）栽培技术原因。没有按照棉花栽培技术规程合理进行肥水、化学、机械物理（揭膜、打顶、中耕）调控，肥水、化学、机械物理调控的时间强度失调，肥水投入不及时、强度不足，化控次数过频、强度过高。（2）不利的土壤环境。土壤肥力低、干旱，土壤 0～50 厘米土壤湿度长期小于田间最大持水量的 65％。（3）病虫害。枯黄萎病、红蜘蛛等为害。（4）棉花缺素引起。

防治措施：（1）早衰棉田和正常棉田一样采取以重水重肥重化控为特征的技术调控措施，满足花铃期棉花对肥水的大量需求。土壤持水量保持在 70％～80％，一般每 7～10 天滴灌 1 次，亩滴水 20～30 米³。追施棉花专用肥 5～8 千克/亩，注意增施磷、钾肥，稳施氮肥。由于磷在土壤中流动性差，加之利用率低下，因此，磷肥施用对防治棉花早衰也极其重要。中后期加施硼、锌微肥，同时做好叶面调控，叶面喷施磷酸二氢钾，塑造合理群体结构，保障叶面积指数和叶功能回落下降慢，增加干物质积累，延缓衰老。（2）做好病虫害防治。主要是棉铃虫、红蜘蛛、铃病的防治。

第十四讲　棉花"疯长"

症状表现: "疯长"（徒长）是指棉花营养生长与生殖生长失去平衡，棉株茎、枝、叶、顶端生长点等器官出现过度生长，主茎顶芽生长加速，主茎节间伸长，株高增长加快，而蕾、花、铃明显减少的现象。徒长的棉花，通风透光差，铃叶受光量差，最大叶面积时群体底部没有光斑，光斑面积<5％；盛花、盛铃期透光系数下降快而大，透光系数小于 0.3～0.4；盛花期冠层光截获率>60％，中层>30％，下层>17％；盛铃期冠层光截获率上层>63％，中层>30％，下层>21％（图 14）。

图 14　"疯长"棉花

发生原因: (1) 栽培技术原因。没有按照棉花栽培技术规程合理进行肥水、化学、机械物理调控，以及调控措施失调所致。(2) 通风透光差。特别是新疆高密度种植，光照往往难以满足棉花的需要引发疯长徒长，疯长徒长棉田，封行过早，中、下层叶片光照条件恶化，部分棉叶经常处于光补偿点附近，以致难以发挥应有的作用。

防控措施：（1）根据不同时期棉花生长发育指标，有针对性地采取水控、肥控、化控和物理调控措施，包括：蹲苗、推迟第一水灌溉时间、系统化控、水控（减少灌水量、延长灌水间隔）、肥控（减少肥料用量、氮肥用量）、深中耕、早揭膜、重打顶、整枝等，协调棉花营养生长与生殖生长的关系，塑造合理棉花群体结构，防止棉花疯长。（2）改善棉田通风透光条件。调节棉花发育进程，使叶面积系数高峰期与新疆 6～8 月高光照期同步，使棉田中层叶片的受光强度达到自然光强的 15%～35%，下层叶片受光强度保持在 5% 以上，避免过分郁蔽而加重棉株中、下部蕾铃脱落。实现"推迟封行、带桃封行，下封上不封、中间一条缝"，提高光合生产率。

第十五讲　棉花吐絮期早衰

症状表现：植株矮小，叶片褪绿或出现红叶，或叶片过早枯萎，或有病斑，棉花光合速率明显下降，营养器官衰老，出现二次生长，8 月下旬过早吐絮等（图 15）。

图 15　吐絮期早衰棉株

发生原因：（1）土壤持水量过低（<60%），环境干燥，肥力低后劲不足，加重早衰，影响棉籽正常发育。（2）土壤缺素，如缺钾等。（3）病虫为害，如发生铃病及秋蚜、棉铃虫、蓟马等为害。

防控措施：采取以促为主的调控技术：（1）肥水促调技术。保障 8 月中旬后的灌溉、追肥，停水时间至 8 月底 9 月初，增施磷钾肥和硼锌微肥，稳施氮肥。（2）叶面肥促调技术。每亩用150～200克尿素或磷酸二氢钾，兑水15千克叶面喷施，每隔7～10天喷施一次，连续喷施2～3次，可起到增铃重、提高衣分和品质的效果。（3）有针对性地防治铃病，喷施杀菌剂。（4）各种措施做到早促，及时高效，不要拖延。

第十六讲　棉花贪青晚熟

症状表现：晚秋桃比例高，铃期长（铃期＞60天）棉铃开裂吐絮慢，吐絮不畅，无效铃比例高。北疆9月初未见吐絮，南疆9月中旬未见吐絮，棉花群体过大，田间郁蔽，赘芽多，侧枝还在开花，营养器官偏嫩等（图16）。

图16　贪青晚熟棉田和贪青晚熟棉铃（俗称"水蜜桃"）

发生原因：（1）低温寡照多阴雨的不利气候条件。低温、阴雨、寡照、土壤持水量过大，都不利于加速碳水化合物的形成、积累和转移，也不利于促进脂肪和纤维素的形成、积累及铃壳干燥开裂吐絮。当日平均气温低于 16℃，棉纤维停止生长，日平均气温低于 21℃，纤维素淀积加厚趋于停滞、纤维素在棉纤维中的淀积和油脂在种胚中积累发生障碍，晚秋桃生长就受到抑制，表现为铃期长、吐絮慢、吐絮不畅、铃重轻。当出现日平均温度降到 10℃以下的天气，棉株就会停止生长。（2）停水晚、地力强、肥水投入过大、打顶晚、未及时化控，导致的群体叶功能期长、叶色褪绿慢，造成棉花贪青晚熟。

防控措施：（1）化学调控。采取缩节胺化控，喷施乙烯利、脱落宝等催熟脱叶技术。（2）肥水控制。根据贪青晚熟程度，早停水停肥，减少肥水投入。

第十七讲　棉花烂铃

症状表现：烂铃是指棉铃生长发育中出现霉烂的棉铃。烂铃表现症状有：（1）幼铃腐烂脱落；（2）棉铃1～2个铃室腐烂，或整个棉铃腐烂。烂铃一般从青铃的基部、铃缝和铃尖等部位开始，逐渐霉烂。也有发病的棉铃，首先针尖或全铃变成紫红色，逐渐里边湿腐变软，最后整个棉铃湿腐霉烂（图17）。

图 17　棉花烂铃症状表现

发生原因：引发棉花烂铃的原因有多种，但60％以上是由病虫为害引起。（1）铃病引发。曲霉病、角斑病、疫病、棉铃红腐病、软腐病等都可导致烂铃产生，具体引发烂铃的原因见相关铃病。（2）棉铃虫为害。主要是2～3代棉铃虫幼虫为害蕾、花、铃引发。（3）棉田湿度大、通风透光差。阴雨寡照天气和郁闭通风透光差，不仅造成蕾铃脱落，而且易滋生病菌，引发烂铃。

防治措施：（1）加强棉花铃期病虫害防治工作。降低病菌和虫口密度，减少虫口伤害，减少病菌的侵染途径极为重要。根据虫害发生趋势，一般在 8 月上旬开始喷药，可选用 50％多菌灵可湿性粉剂 500～1 000 倍液、75％百菌清可湿性粉剂 500 倍液、70％甲基硫菌灵或 70％代森锰锌等可湿性粉剂 400～500 倍液喷雾防治。每隔 4～5 天喷 1 次，连续 3～4 次。（2）加强棉花铃期的群体调控和湿度控制。通过各种综合农艺措施，塑造通风透光的群体结构。调控棉花群体冠层结构，改善棉田通风条件，实现"推迟封行、带桃封行，下封上不封，中间一条缝"的结构，使棉田中层叶片的受光强度达到自然光强的 15％～35％，下层叶片受光强度保持在 5％以上。

第十八讲　棉铃种子数异常

症状表现： 主要指棉铃中每铃室种子数显著低于 9 粒种子的现象。实际生产中经常出现铃室种子数只有 3～6 粒的现象，甚至有的一粒种子也没有（图 18）。

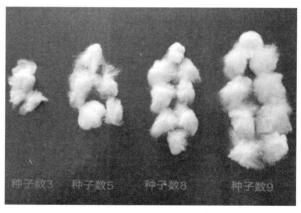

图 18　铃室种子数异常

发生原因：（1）温度原因。棉铃生长发育期间遇到高温或低温，都会影响种子的形成。当气温≥35℃持续 5 天以上或气温连续多日≤12℃时，均能造成花粉活力下降，不利于正常开花授粉，就会造成棉铃中棉籽粒数减少和结实比例的下降，主要是增加了秕籽数，减少了棉瓣中种子数。（2）光照不足。如阴雨寡照、种植密度过大或株行配置不合理导致的株间光照不足引发的光合障碍，导致胎座发育不良引发的授粉受精障碍。（3）病害影响。枯黄萎病害导致的输导组织维管束堵塞引发的营养障碍，导致种子发育不良。（4）栽培管理失调和农事活动操作不规范，导致棉花田间郁闭通风透光差，以及花期喷洒各种药剂调节剂对授粉受精产生不利影响等。

防治措施：（1）选用耐高温及耐密性、抗病性好的品种。（2）充分利用好新疆6月上旬至8月上、中旬的高能期。新疆光热资源高能期在6月上旬至8月上旬，采取综合调控措施为花铃期棉花生长创造有利的光照条件，调节棉花发育进程，使棉铃成铃高峰期与新疆6～8月高光照期同步，提高光合生产率。（3）调节棉花发育进程，最大程度避开高温期。（4）合理密植，合理安排药剂喷洒时间，改善棉田环境，减少药剂对棉花授粉受精影响。（5）加强花铃期病虫害防治工作，减少铃病发生。降低病菌和虫口密度，减少虫口伤害，减少病菌的侵染途径极为重要。根据虫害发生趋势，一般8月上旬开始喷药，可选用50％多菌灵可湿性粉剂500～1 000倍液、75％百菌清可湿性粉剂500倍液、70％甲基硫菌灵或70％代森锰锌等可湿性粉剂400～500倍液喷雾防治。每隔4～5天喷1次，连续3～4次。

第十九讲　棉铃裂果

症状表现： 棉铃裂果是新疆棉区近几年棉田出现的一种棉铃生长异常现象。其症状是在幼铃膨大期，青铃基部至铃嘴中部的铃缝处裂开，露出心室中正在发育的白色纤维，裂果后伴随着环境变化和病菌的侵入，常常并发多种铃病，形成烂铃、僵铃、无效铃（图 19）。自 2014 年发现以来有逐年加重趋势，对产量影响较大。棉花裂果出现的时间主要在 7 月上、中旬棉铃发育的幼铃膨大期（开花后 20 天左右），棉株的上、中、下部棉铃均有发生，以下部居多。最初发现棉铃裂果现象是在 7 月上、中旬的南疆阿克苏雨后天晴的棉田。

图 19　棉铃裂果

发生原因： 目前棉花裂果的确切原因还不明确，可能的原因：（1）病虫为害。如黄萎病为害症状之一就是棉铃提前开

裂，造成棉铃机械性损伤，伴随雨水导致病原菌从铃缝处侵入。（2）缺硼。缺硼往往导致果实龟裂木栓化。（3）在花芽分化期或子房膨大期不利环境条件所引起。（4）调节剂对花器官的发育影响、不均衡的肥水条件、较低的夜温导致幼铃膨大期遭受障害，心皮表皮出现木栓化而使心皮部与心室内的胎座部的发育出现失衡，各心室的膨大速度不同而形成开裂。（5）棉蚜为害。调查发现棉铃裂果发生的程度与棉蚜为害有关，棉铃虫发生重、裂果敏感的品种裂果率高，几种因素组合下的裂果率更高。内因是心皮的发育异常，隔壁的发育过快导致裂果；外因是病虫为害和逆境引起的不利环境所致。

防治措施：（1）开展相关病原物的研究、营养障害研究、环境因素研究，弄清内因、外因和诱因。（2）加强病虫害防治，特别是棉蚜的防治。（3）选用不易裂果的品种。（4）注意增施硼肥，既可预防裂果，也可提高结实率。缺硼棉田，硼砂用量为每亩 1～2 千克或叶面喷施 0.05％～0.2％硼砂水溶液。从蕾期开始，每隔 7～10 天喷 1 次，共 2～3 次即可。（5）合理肥水运筹，避免施用不均衡的肥水。

第二十讲　棉花蕾铃脱落

症状表现：棉花蕾铃脱落是指棉蕾或棉铃与植株体分离而脱落的现象。脱落率是指棉花植株上脱落果节占棉株总果节数的百分比。陆地棉脱落率一般在 60％～70％，严重的高达 70％以上。新疆棉花蕾铃脱落一般表现为：蕾脱落大于铃脱落，伏前蕾脱落最重，上部倒三台果枝蕾铃的脱落高于其他果枝的蕾铃脱落，外围果节蕾铃脱落大于内围果节蕾铃脱落（图 20）。蕾脱落时间主要集中在 6 月下旬至 7 月上旬，铃脱落时间主要集中在 7 月中旬至 8 月上旬，一般是开花后 10 天左右的幼铃脱落多。

图 20　棉花蕾铃脱落

发生原因：（1）生理脱落。（2）环境胁迫脱落。病虫为害、低温冷害、干旱、高温、旱涝、肥水失调营养不平衡、光照不足、透气性差、机械损伤等都可引发蕾铃脱落。环境胁迫是导致棉花蕾铃脱落的主要原因。

防治措施：（1）协调好棉花营养生长与生殖生长，防止营养生长过旺或营养不足。（2）构建好棉花合理群体结构，防止群体结构过大过小或个体结构不协调。实现"推迟封行、带桃封行，下封上不封、中间一条缝"，中层叶片的受光强度达到自然光强的15％～35％，下层叶片受光强度保持在5％以上的结构。（3）重点降低6月下旬至7月上旬蕾的脱落，以及花铃期7月中旬至8月上旬幼铃的脱落。（4）重点预防高温、干旱、早衰、疯长、病虫为害。（5）合理运筹好水肥调控、化学调控、叶面积调控、打顶中耕整枝揭膜等物理调控。（6）选用脱落率低、早熟性好、抗逆性强、适应性广、耐密性强的品种。

第二十一讲　干旱对棉花的危害

症状表现：棉花受旱是指棉花在土壤含水量偏低条件（或水分胁迫）下的适应能力。棉花受旱多表现为顶芽的分化和生长速度减慢，从而使茎叶、蕾、花铃营养和生殖器官的生长量减少，新叶抽出慢，叶色暗，节间紧密，植株矮小，主茎顶部绿色嫩头缩短并发硬，红茎上升，果枝伸出速度减慢，蕾铃脱落。受旱严重时，叶片萎蔫下垂，明显增厚，棉花生长点出现"蕾包叶"现象，棉花早衰，蕾铃脱落显著，干蕾增多，铃发育受阻，铃重降低（图21）。

图21　受旱棉花症状表现

发生原因：主要是棉田土壤持水量低，不能满足棉花正常生长发育要求。其中，播种至出苗期土壤田间持水量＜60％时，种子易落干，发芽出苗率低。苗期土壤持水量＜55％时，棉苗生长缓慢。蕾期土壤持水量＜60％时，将导致整个生殖与营养生长失调，影响棉花搭"丰产架子"。花铃期土壤持水量＜70％时，将导致棉花蕾、花铃大量脱落早衰。其次是棉花水的运筹管理不合理，没有按照棉花需水规律和棉花生长发育特性进行灌溉，特别是几个关键时期受旱影响最大：（1）7月至8月初的"肥水温"三碰头期，是新疆高温季节，也是棉花对肥水需要量最大时期。此期高温热害和受旱，对棉花产量影响极大。（2）棉花盛蕾期，又称"变脸期"，该时期为棉花对肥水比较敏感的变脸期，土壤持水量＜60％，将导致上述生长异常。

防治措施：根据实时气候、土壤状况、棉花长势长相综合分析判断，采取行之有效的措施。（1）根据气温高低和降水情况合理灌溉。棉花花铃期是棉花需水高峰期，需水量占整个生育期需水量的近一半，该时期又是气候高温期，所以针对该时期高温干旱的气候特点要做到"肥水温"三碰头，保障及时足量灌溉。（2）根据棉田土壤性质和土壤持水量高低，合理灌溉。对土壤含水量低，有旱象的棉田，要及时灌溉，保障棉花各生育期土壤含水量在适宜范围之内。如棉花生长发育期间，棉田土壤含水量总体保持在田间最大持水量的60％左右，可规避棉花受旱。特别在棉花肥水温三碰头期（花铃期）和变脸期（盛蕾期），保障土壤持水量在合理水平是关键。

第二十二讲　棉花"假旱"

症状表现：假旱，顾名思义，是一种类似干旱的症状，是棉花次生盐渍化胁迫的一种表现。在新疆一些棉田，棉花在土壤含水量正常，维管束输导组织也正常，没有出现褐化的情况下，滴灌或者降水后，棉田常常出现点片棉花青枯、萎蔫，甚至死亡的现象（图22）。

图22　"假旱"棉花

发生原因：灌溉方式转变、施肥方式转变、生态环境的变化是导致棉花出现假旱的主要原因，是这些变化综合作用的结果。农田土壤中的水分、盐分变化主要受地下水运动、灌水渗透、灌溉制度、作物蒸腾、土壤蒸发、地膜覆盖、农田耕作等综合因素影响。灌溉是棉田土壤盐分迁移变化的主要原因。长期滴灌棉田土壤盐分含量分布随膜下滴灌应用年限增加，变化较大。膜内盐分含量，垂直方向的土壤盐分含量从上到下逐渐降低，表层土壤盐分变化较大，深层土壤盐分变化越小，膜下 0～20 厘米表层盐分含量高。棉花由沟灌转变为滴灌后，长期滴灌导致土壤中盐碱不能得到压洗，积聚在 0～30 厘米耕作层，但随气候变化，雨水增多导致表层盐分被雨水淋溶到耕作层作物的根际，以及水肥一体化的施肥方式导致肥料直接施在根基周边，导致根际土壤溶液浓度过高，引发的次生盐渍化问题越来越突出，发生假旱萎蔫的现象越来越频繁。

防治措施：做好土壤压盐洗盐工作。有基础灌溉条件的，做好冬灌和春灌。滴灌棉田，根据土壤盐分含量，调整冲洗灌溉定额。盐分含量在 6～12 克/千克时，应强化冲洗定额压盐洗盐，冲洗定额在 150～385 毫米。当盐分值达到 3.5 克/千克时，按正常定额冲洗。当出现假旱时，采用清水滴灌，不要随水滴肥。

第二十三讲　残膜污染对棉花的危害

　　残膜污染危害：（1）残膜随机械采收，混入籽棉经轧花清杂等加工，造成打碎的残膜呈颗粒污染在皮棉上，增加纺织成本，影响纺织质量。（2）农田残膜破坏了土壤结构和土壤微生物环境土壤理化性状，破坏了土壤原有的团粒结构和功能性，导致土壤质量、土壤通气性和养分的有效性下降，从而影响棉花成苗率和根系正常生长，表现为成苗率降低，根系少，根变短、畸形（弯曲、鸡爪状等）、烂根，根系吸水、吸肥性能降低。（3）残留地膜隔绝了根系与土壤的接触，阻止了根系发育下扎及随土壤水分和养分的吸收，影响肥效，造成烂种烂芽烂根和根畸形。调查表明，残膜污染的棉田，棉苗侧根比正常棉田平均减少6.6条。残膜污染棉田棉花烂种烂芽率高，据调查，种子播在残膜上，烂种率平均达8.2%，烂芽率平均5.6%（图23）。

图23　棉田残膜污染

防治措施：（1）使用符合国家棉花种植用地膜厚度要求的标准地膜，地膜厚度＞0.01毫米，提高残膜回收率。（2）做好残膜回收利用。要求残膜回收率达到90％以上，同时收净滴灌带，降低残膜残留量。（3）制定鼓励回收、加工、利用残膜的优惠政策。（4）做到及时揭膜、清膜和回收残膜。最好在头水灌溉前揭膜，该时期不仅易揭，地膜的作用也基本完成。一些保水性弱的沙性地，在停水后收花前务必揭膜。据新疆地区调查，头水前揭膜并连续种植5～6年的棉田残膜量平均4千克/亩，年平均残膜量0.67～0.80千克/亩；收获后揭膜的棉田，年平均残留量2.28～2.55千克/亩。整地前后捡拾残膜，可大大降低播种层的残膜污染，对防止烂种、促进根系发育、全苗均具有重要作用。（5）研发无膜植棉，或积极研发具有易降解、低残留特点的降解膜、光解膜替代难以降解的聚乙烯地膜，从根本上解决残膜影响。（6）增强消除白色污染意识，提高地膜污染治理自觉性，不要将残膜堆放在田间地头。

第二十四讲　棉花立枯病

棉苗立枯病在我国各主要棉区都有发生，是北方棉区主要病害。棉花立枯病是新疆棉花苗期的重要病害，南北疆各棉区普遍发生，为害严重。它是由立枯病菌为主的多种病菌导致的一种复合性病害。

发生规律：立枯病发生的原因主要是播种后持续低温多雨天气，种子成熟度差或破籽、秕子率高，播种过早或过深，地下水位较高或土壤湿度过大。多年连作棉田立枯病一般较重，发生不严重的棉苗气温上升后可恢复生长。北疆棉区易受低温多湿气候条件的影响，该病发生重于南疆，一般发病率为 $27\%\sim75\%$，死苗率为 $5\%\sim12\%$。立枯病严重的导致整穴棉苗的死亡，使棉田出现缺苗断垄。

症状特点：幼苗出土前引起烂种、烂芽和烂根。幼苗出土后，则在幼茎基部靠近地面处发生褐色凹陷的病斑，继而向四周发展，颜色逐渐变成黑褐色，直到病斑扩大缢缩，最终枯倒死

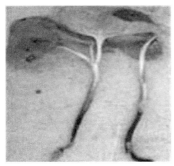

图 24　棉花立枯病

亡。发病棉苗一般子叶上没有斑点，但有时也在子叶中部形成不规则的褐色斑点，以后病斑破裂而穿孔（图24）。

防治措施： 主要采取预防为主，棉种处理与及时喷药防治为辅的综合防治措施。（1）药剂拌种。精选种子，用种子重量0.5％的50％多菌灵可湿性粉剂或种子重量0.6％的50％甲基托布津可湿性粉剂拌种。（2）适时播种。在不误农时的前提下，适期播种，可减轻发病。（3）科学施肥。增施有机肥或施用酵素菌沤制的堆肥及5406菌肥。（4）药剂防治。发病初期，叶面喷施30％甲霜恶霉灵1 500～2 000倍液连喷2～3次，间隔期10～15天。（5）加强田间管理。出苗后应早中耕，一般在出苗70％左右要进行中耕松土，以提高土温，降低土壤湿度，使土壤疏松、通气良好，有利于棉苗根系发育，抑制根部发病。阴雨天多时，及时开沟排水防渍。加强治虫，及时间苗，将病苗、死苗集中烧毁，以减少田间病菌传染。

第二十五讲　棉花枯萎病

棉花枯萎病菌属镰孢菌属真菌，侵染为害茎秆内的维管束组织，影响养分和水分向上输送，导致植株枯死（图 25-1）。枯萎病属于土传病害，棉田一旦感染枯萎病，就会常年发生。新疆棉花枯萎病 1963 年始发现于莎车县，20 世纪 80 年代先后扩展到南北疆一些主要植棉县（市）。90 年代中期之后，棉花枯萎病进一步扩大蔓延。

图 25-1　苗期及花铃期枯萎病症状

发生规律：枯萎病是典型的维管束病害，在整个生育期均可发生。枯萎病发生时间较早，子叶期即可发病，现蕾期前后为第一次发病高峰，到结铃期发病明显减轻。7月下旬至8月上旬结铃期，地温达32℃以上时，棉株生长旺盛，病情停止发展，病株又长出新叶，此时出现"高温隐症"或症状减轻。结铃后期，随着气温和地温下降到24℃左右时，病情又有回升，出现第二个发病高峰期。枯萎病一般于土温达到20℃左右开始发病，25～28℃时达到发病高峰，当温度超过33℃时，枯萎病菌一般停止发作。据此，新疆枯萎病发病时间一般在苗期至蕾期，一般病田减产5%～15%，较重的减产20%～30%，重病田减产达50%以上。

症状特点：（1）黄色网纹型。子叶或真叶的叶肉保持绿色，叶脉变成黄色，病部出现网状斑纹，渐扩展成斑块，最后整叶萎蔫或脱落。该型是该病早期常见典型症状之一（图25-2）。（2）黄化型。大多从叶片边缘发病，子叶和真叶的局部或整叶变黄，最后叶片枯死或脱落，叶柄和茎部的导管部分变褐（图25-3）。（3）紫红型。苗期遇低温，子叶或真叶呈现紫红色，病叶局部或全部出现紫红色病斑，病部叶脉也呈现红褐色，叶片随之枯萎脱落，棉株死亡（图25-4）。（4）青枯型。棉株

图25-2　黄色网纹型枯萎病

遭受病菌侵染后突然失水，叶片变软下垂萎蔫，接着棉株青枯死亡。在多雨灌水转晴时，常有青枯型发生（图 25-5）。（5）皱缩型。表现为叶片皱缩、增厚，叶色深绿，皱缩不平，节间缩短，植株矮化，有时与其他症状同时出现（图 25-6）。枯萎病严重的，导致叶片、蕾铃脱落，植株死亡。枯萎病有时与黄萎病混合发生，症状更为复杂。枯萎病鉴定横剖病茎，可见发病植株的维管束颜色较深，木质部有深褐色条纹。

图 25-3　黄化型枯萎病

图 25-4　紫红型枯萎病

图 25-5　青枯型枯萎病

图 25-6　皱缩型枯萎病

防治措施：（1）选用抗病品种。抗病品种是解决枯萎病最经济有效途径，也是根本途径。（2）加强棉花现蕾开花后水肥营养管理，提高棉花抗病性和抵抗力。（3）叶面喷施磷酸二氢钾，棉花根部灌施棉枯净、DD混剂等，使其自然扩散吸附，达到防治效果。

第二十六讲　棉花黄萎病

　　棉花黄萎病菌属轮枝菌属真菌，侵染为害茎秆内的维管束组织，影响养分和水分向上输送，导致植株枯死。黄萎病害的病原菌主要借土壤、种子、肥料等进行传播，残留在土壤中的病菌孢子在温度适宜时，由菌丝直接侵染棉根。黄萎病菌在土壤里的适应性很强，病菌在土壤中一般能存活20年以上，棉田一旦传入黄萎病菌，若不及时采取防治措施将以很快的速度蔓延为害，有"棉花癌症"之称。由于多种原因，棉花黄萎病在新疆棉区呈点片状普遍发生，北疆棉区重于南疆地区。目前，棉花黄萎病在南北疆发生面积和发病率均有扩大蔓延的趋势。

　　发生规律：黄萎病在棉花整个生育期均可发生。一般苗期很少表现出症状，5～6片真叶时开始表现，现蕾以后开始大发生，花铃期为发病高峰。黄萎病的发病温度较枯萎病低，气温25℃时发病率较高，28℃时减轻，高于30℃发病缓慢或停止。黄萎病在现蕾前很少出现症状，而在现蕾开花后大量出现症状。连作棉田和地势低洼、排水不良的棉田发病重。

　　症状特点：黄萎病先在中下部叶片出现症状，逐渐向上发展，发病初期叶片变厚无光泽，叶边和叶脉间出现不规则黄色病斑，后逐渐扩展，叶片边缘向上卷曲，严重时除叶脉为绿色外，其他部分褐色枯干，叶片由下而上逐渐脱落，仅剩顶部少数新叶、小叶，蕾铃稀少，棉铃提前开裂，后期病株基部生出细小枝。纵剖病茎，木质部产生浅褐色变色条纹。主要症状类型：(1) 黄色斑驳型。是黄萎病常见症状，病叶边缘失水、萎蔫，叶

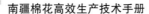
脉间的叶肉褪绿或出现黄绿镶嵌的不规则形黄斑，叶片主脉仍保持绿色，似花西瓜皮。病叶边缘向上略微卷曲，继续发展，病叶变褐，枯焦脱落成光秆，仅剩顶端心叶或枯死。（2）落叶型。病株叶片叶脉间或叶缘处突然出现褪绿萎蔫状，病株叶片失水、变黄，一触即掉，植株枯死前成光秆。病株主茎顶梢、侧枝顶端变褐枯死，病铃、苞叶变褐干枯，蕾、花、铃大量脱落。（3）矮化型。病株叶片浓绿，叶肉肥厚，边缘微向下卷，挺而不萎，株型矮化但不皱缩丛生。（4）急性萎蔫型。夏天久旱后暴雨或大水漫灌后，棉株叶片突然萎蔫，似开水烫伤状，最后叶片全部脱落，棉株成为光秆，剖开病茎可见维管束变成淡褐色，这是黄萎病的急性型症状。（5）枯斑型。枯斑型的叶片症状为局部枯斑或掌状枯斑，枯死后脱落。

图 26　黄萎病病叶、病株及棉田

　　总体表现为植株矮化，落蕾落铃多，果枝减少，甚至没有

果枝，单铃重减轻，品质下降。以上不同症状类型的黄萎病，剖茎检查，共同特征都是维管束变色，有浅褐色条纹（黑褐色则为枯萎病）。由于发病植株的维管束变色较浅，一般不会矮化枯死（图 26）。

防治措施： 贯彻"预防为主，综合防治"的方针，并根据不同棉区的发病情况因地制宜地采取防治措施。（1）种植抗耐病品种是防治黄萎病最经济有效的措施。（2）加强肥水管理，提高棉花抗逆能力。在蕾、铃期及时喷洒缩节胺等生长调节剂，对黄萎病的发生有减轻作用。

第二十七讲　棉花药害

药害是指错误使用药剂后，造成棉花生长发育受损，表现出各种生长异常的现象。（1）药剂不同，产生的药害症状不同。杀菌剂、除草剂、植物生长调节剂、抗生素及土壤消毒剂引起的药害时有发生。棉花对除草剂2，4-D最敏感，棉株若接触2，4-D类药物，棉叶变为鸡爪形（图27-1）；棉田喷克百威（呋喃丹）农药浓度过大或药液量过多，蕾花容易脱落；用百敌虫防虫浓度过大，棉叶由边缘反卷，而且叶肉出现紫红色斑块等（图27-2）。除草剂药害又有多种表现：①酰胺类除草剂中苯塞草胺、敌稗等在棉田使用会抑制棉花生长，特别是在持续高湿、高温或低温条件下，过量施用，抑制发根、根系生长和子叶节及主茎的伸长。药害发生后，短期内可恢复生长。②均三氮苯类除草剂中一些品种如扑草净对棉花安全性差，易发生药害，导致棉花

图27-1　植物生长调节剂类药害症状

图 27-2　除草剂类药害症状

叶片黄化，大面积出现黄斑，叶片从叶尖和叶缘开始出现枯萎，甚至全株死亡，在高温、强光照下，上述症状发生更加迅速。③二苯醚类除草剂乳氟禾草灵等对棉花安全性差，使用量过大或定向施用时由于飘移等易产生触杀性、暂时性斑点药害，导致棉花真叶出现褐斑、叶片皱缩或枯死，严重者抑制新叶发出。一般不会绝收，会逐渐恢复。（2）药害种类不同，产生的药害症状不同，有急性药害、慢性药害、残留性药害之分。急性药害通常在施药后几小时或几天内出现症状，一般表现为营养器官的叶片出现斑点、卷曲、灼伤、畸形、枯萎、黄化、失绿、白化、落叶、叶厚、穿孔等生长异常现象；根部受害表现为根部短粗肥大，根毛减少，根皮变黄变厚、发脆、腐烂，不向土层深处延伸等异常现象；生殖器官表现为畸形、落花、授粉不良、难以结实等，棉铃出现锈斑等。急性药害易被发现，也能及时避免。慢性药害不是很快表现症状，棉株外观无明显特征，但棉株内生理已发生紊乱，有机物质供应失调，通常在后期表现出生长发育

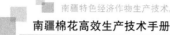

不良、发育延迟、植株矮化、花蕾变小脱落或铃重变小、结实不好等问题，这种恶性循环往往造成无法弥补的损失。残留性药害是同一种药剂逐年使用累加残留在土壤中，导致棉株产生的药害，往往多年后表现。

发生原因：（1）飘移。邻近作物喷洒对棉花有害的农药时，因风大或邻近，导致药液飘落到棉株上。（2）喷药器械没有清洗或清洗不彻底。喷药器械中残留对棉花有害的药剂，不加清洗用其对棉花打药，就会产生药害。（3）农药混用。两种或多种农药混用不当导致的药害。如发生酸碱反应的农药混用导致发生化学变化而产生药害，与含金属离子的农药混用导致发生络合反应而产生药害。（4）同一种药剂逐年使用累加残留在土壤中，导致产生的药害。（5）超量使用。药剂使用量过大，甚至超出使用量的几倍而导致的药害。（6）极端环境。环境的异常导致药效的增强产生的药害，如伴随高温或低温进行用药，往往产生药害。（7）敏感度不同。不同发育阶段的棉花对药剂的敏感度不同，如子叶期和苗期棉花对缩节胺敏感度强，用药量不能过大过频。（8）错用误用药剂。如误用除草剂或施用了不能施用于棉花的药剂等。

防治措施：（1）要科学用药。科学用药就是要做到对症下药、适时用药、准确用药、合理交替用药、均匀用药等。掌握农药的使用原则，选用合适的剂型和施药方法（喷雾法、土壤处理、拌种法、涂抹法、毒饵法、熏蒸法）、选择最佳防治时期、掌握好用药量、合理用药交替用药提高药效防止抗药性。一要使用农药需先做试验，各种农药对害虫杀灭作用各不相同，需要试验后掌握准确的使用浓度和用药量。二要统一调配农药的浓度，否则容易造成药液的浓度过大，产生药害。三要防止长期使用单一的药剂品种，应尽量采取各种农药交替使用，预防产生抗药性。四要均匀喷药，不留死角。采用压缩式喷雾器时，扩大喷雾范围，防止雾滴过大，使棉花受害。五要了解掌握药剂品种变化。（2）要安全用药。一是禁止使用高毒药剂。如防治棉铃虫、棉蚜及红蜘蛛用药以菊酯类（氯氰菊酯、溴氰菊酯、高效氯氟氰菊酯等）、烟碱类（吡虫啉等）、阿维菌素类（阿维菌素、甲维盐阿维菌素等）以及杀螨剂等为主。二是对除草药剂，使用时保证与棉花的安全距离，使用过除草剂的喷雾器、器具等要及时清洗，防止下次使用时残留对棉花产生药害。三是要注意农药的作用特点以及是否能与其他酸碱性农药、肥料混用。要根据是否具有内吸性，来决定拌种、根施和涂茎等。四是花期施药注意施药时间应避开花瓣开放时间。五是及时清洗喷雾器中残留的药液。（3）要及时解药。在棉花产生药害后，喷施具有缓解作用的调节剂、解毒剂，喷施具有中和缓解解毒性质的生长调节剂。如萘二甲酐可缓解克草胺对棉花造成的药害；吲哚乙酸和激动素可减轻氟乐灵对棉花次生根所产生的抑制作用；赤霉素可减轻二甲四氯、2，4－D等植物生长调节剂类除草剂对棉花造成的药害。（4）加强药害后管理。药害发生后，加强肥水管理，促进恢复生长。如当棉花接受过量的药剂时，及时用喷雾器装水清洗，以清除和减少药剂残留；及时浇水施肥，促进棉花生长，提高抗药能力，促进恢复生长，降低药害损失。

第二十八讲　棉花肥害

肥害是指施肥过多造成土壤溶液浓度过高，作物根系吸水困难或因土壤溶液浓度障害引起的烧根。一般表现为根系变褐枯死，下部叶片黄化、叶缘干枯，灼伤烧苗，蕾铃脱落，植株萎蔫枯死（图28）。

图28　棉花肥害

发生原因：多为施肥过多或喷施叶面肥浓度太大引发的土壤溶液浓度障害或肥溶液障害。通过测定土壤电导度高低即可判断。电导度EC值高且土壤中硝态氮多时，发生施肥过多引起的浓度障害的可能性大。

防治措施：（1）做到平衡施肥。根据棉花的营养特点、需肥规律、土壤养分状况进行平衡施肥，制订出有机肥料和氮、磷、钾及微量元素等肥料的使用数量、养分比例、施肥时间和施用方法。（2）做到巧施肥。在时间上，要施好基肥、苗肥、蕾肥、花铃肥、盖顶肥；在数量上，做到基肥足，苗肥轻，蕾肥稳，花铃肥重，桃肥补。巧施肥为前期的壮苗、稳长，为中期的多结伏桃，为后期的桃大、质优、防早衰提供了保障。在施肥方法上，要"看天、看地、看苗"施肥，有机肥与无机肥相结合，根施与叶面肥相结合，氮肥、磷肥、钾肥、微肥相结合。（3）重施花铃肥。花铃期是棉花一生需肥高峰时期，也是棉田易出现早衰的时期，对氮、磷、钾养分的积累占一生总需肥量 60％以上，花铃肥管理强调保障、重施、及时。（4）肥害发生后及时浇水稀释浓度，叶面喷施 600 倍 2116 壮苗灵＋200 倍红糖液，以恢复生长，保蕾保铃，控害增收。

第二十九讲　棉蓟马

　　棉蓟马的发生为害日益加重，对棉花产量影响较大，已成为新疆棉花主要害虫。蓟马成虫和若虫多集中在棉株嫩头和叶背吸取汁液，棉花被害后，子叶肥厚，背面出现银白色的小斑点；生长点焦枯，造成多头棉、公棉花、破叶状和受害处出现锈斑等。为害严重的，造成缺苗，使棉株生育期推迟，结铃少而减产。花蕾期棉蓟马主要在盛开的花中为害，刺吸柱头，量大时影响棉花的受精过程，使棉花产生无效花并脱落，影响棉花早坐铃及秋后抓盖顶桃，从而影响棉花的产量（图29）。

图29　棉蓟马为害状

　　发生规律：蓟马喜欢干旱，为害最适宜的温度为 20～25℃，以 25℃最为有利，当气温为 27℃以上时对其有抑制作用。相对湿度 40%～70%，春季久旱不雨即是棉蓟马大发生的预兆。棉蓟马一般在棉花出苗后，陆续侵入棉田为害，躲在叶背面边缘取食。棉蓟马为害主要表现在棉花苗期和花蕾期。新疆棉区一般在 5 月下旬结束为害。

防治措施：（1）一般选用吡虫啉、啶虫脒类农药，或与拟除虫菊酯类农药（如高效氯氰菊酯、功夫菊酯）、有机磷类（如毒死蜱、乐斯本）混用防治。（2）花期，当每朵花中虫量达百头以上时进行防治，选择对天敌比较安全的农药进行防治，否则就会引起蕾铃大量脱落，对产量造成较大影响。

第三十讲　棉　盲　蝽

棉盲蝽主要为害棉花嫩头、嫩叶及花蕾等部位，在蕾花期为害较重。嫩头被害，形成多枝的乱头棉，称之为"破头疯"；嫩叶被害，造成烂叶，称之为"破叶疯"。棉盲蝽以刺吸式口器刺吸棉株嫩头幼芽生长点和幼嫩花蕾果实的汁液，造成枝条疯长，引起棉蕾脱落，结铃稀少。幼芽受害，造成"枯顶"；幼蕾受害，干枯呈黑色；大蕾受害，苞叶张开枯黄；幼铃受害，僵枯干落。地膜棉花在6月上旬至7月上旬为棉盲蝽为害盛期，致使棉株2～5台果枝的棉蕾脱落，尤其是造成内围铃，即果枝第一节位的蕾铃大量脱落，导致棉株中部果枝、果枝节和棉铃稀少，即棉株"中空"，形成旺长（图30）。严重时，可使6月的棉花成为无蕾棉株，对棉花的生长发育和产量形成影响极大。

发生规律：新疆盲蝽以牧草盲蝽为主，一年发生3～5代，6月大量迁入棉田为害，长绒棉田由于生长较快，前期虫口比陆地棉多，受害较重。地膜棉花在5月下旬至7月上旬为棉盲蝽为害盛期，雨水偏多是盲蝽大发生的重要诱因，特别是6月雨量偏多、湿度大，棉苗嫩绿旺盛，盲蝽产卵多，繁殖快，虫量大，为害重。盲蝽具有"趋嫩、嗜蕾、怕光、善飞"的习性。棉盲蝽喜欢为害棉花幼蕾，因此，棉花现蕾的早晚、多少和现蕾期的长短，与棉盲蝽的发生为害有密切关系。现蕾早而多、时间长的棉花，盲蝽为害也早而严重，持续期长。含氮量高的棉株、生长好的一类棉花盲蝽数量就多，为害重。

防治措施：棉盲蝽具有"趋嫩、嗜蕾、怕光、善飞"的习性，应采用"晴天早晚打，阴天全天喷"的防治措施。阿维菌素、吡虫啉、辛硫磷、毒死蜱、氟虫腈、丙溴磷等是较好的农药品种，按使用说明使用。

图30 棉盲蝽为害状

第三十一讲　棉　　蚜

棉蚜为刺吸式口器害虫，通常集中在棉叶背面、嫩茎、幼蕾和苞叶上吸食汁液，造成棉叶卷缩、畸形、叶面布满分泌物，影响光合作用，使棉株生长缓慢，蕾铃大量脱落。根据发生时间又分为苗蚜（5～6月）、伏蚜（7月）、秋蚜。新疆夏秋两季"伏蚜"和"秋蚜"严重为害棉花，它们集中在棉花叶背、嫩头和嫩茎上为害，严重时使顶芽生长受阻造成叶片卷缩、发育迟缓、蕾铃大量脱落，导致严重减产；同时排泄大量蜜露，不仅影响棉株光合作用，还会污染棉花纤维，导致含糖量超标，严重影响棉花品质（图31）。

发生规律：冬季在不同植物上越冬的棉蚜，春季先在越冬寄主上繁殖一段时间。棉花出苗后产生有翅蚜迁飞入棉田，春夏在棉田繁殖为害，秋季又产生有翅蚜飞回越冬寄主上越冬。在南疆棉蚜迁飞入棉田的时间一般在5月上、中旬，点片发生在5月中、下旬，全田发生则在6月下旬。棉蚜从零星发生到点片发生需7～10天，到全田发生20～30天，一般在6月下旬或7月上旬棉蚜数量达到最高峰，以后随着气温升高，天敌增多，棉蚜数量下降。7月棉蚜大多分散于棉株下部的叶片，7月底8月初棉蚜数量再度回升，到8月中、下旬形成第二次高峰。气候是影响棉蚜数量消长的关键性因素，干旱少雨、较高的温度适合棉蚜发生，且繁殖能力强。据资料分析，苗蚜适宜发生的气温为22～27℃，伏蚜为23～29℃，秋蚜为16～20℃；在气温适宜的情况下雨水较多或时晴时雨，有利于棉蚜发生。天敌是影响棉蚜消长的另一个重要因素。连续不断喷药，大量天敌被杀害是棉蚜猖獗

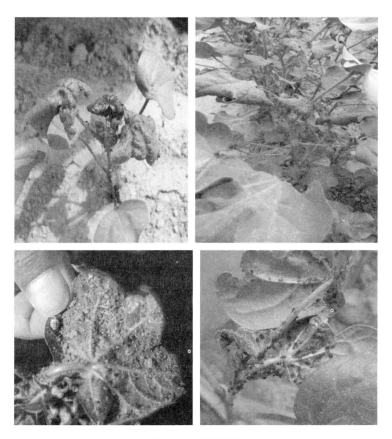

图 31　棉蚜为害状

发生的主要原因之一。新疆棉田蚜虫天敌种类较多，常见的约有
25 种之多，其中以瓢虫类占多数，其他有食蚜蝇、草蛉、蚜茧
蜂、盲蝽、绒螨、蜘蛛等。棉田天敌一般在 6 月上旬出现，最初
出现时数量较少，直到 6 月中、下旬，也即当地小麦成熟时，麦
田天敌大量转入棉田，棉田天敌数量才急剧增长。在北疆，由于
天敌发生盛期与发生盛期相吻合，所以天敌对棉蚜跟随性较好，
控制力较强；而在南疆，由于天敌发生盛期介于棉蚜两次发生高

峰之间，所以天敌对伏蚜跟随性较差，对苗蚜的跟随性则取决于苗蚜盛期出现的迟早和来自麦田天敌的多寡。棉蚜在冬季常会寄生在一些植物上过冬，这些越冬寄主有一串红、玫瑰、月季、菊花、石榴、花椒、木槿及黄瓜、芹菜等蔬菜。据此，对棉蚜越冬寄主进行防控是治标的根本。

防治措施：根据棉蚜发生特点，在"预防为主，综合防治"的基础上，强调充分利用和发挥自然天敌的控制作用，以增加棉田前期天敌数量入手，辅之以科学合理的化学农药的使用，达到持续控制蚜害的目的。（1）以生物防治为主，保护利用天敌，充分发挥生物防治作用。（2）点片防治。对点片发生的棉株采取拔除和涂茎办法。用涂茎器（棍上捆绑棉球）蘸取1∶5的久效磷或氧化乐果配比液，涂抹到棉株红绿相间部位的一侧，涂抹长度1厘米。（3）增益控害技术。合理调整作物布局，麦棉邻作，可有效地增加棉田天敌数量。据研究，麦收前，麦—棉邻作棉田天敌数量百株为97头，而棉—棉邻作棉田天敌数量百株为86头，前者比后者多12.8％；麦收后，麦—棉邻作棉田每百株天敌为2 496头，而棉—棉邻作棉田每百株天敌则为1 944头，前者比后者多28.4％。由此可知，尽可能地使麦田与棉田邻作是增大棉田天敌数量，控制蚜害的有效技术。种植诱集天敌植物，如在棉田周围种植油菜，地头和林带种植苜蓿，可有效地增加棉田前期天敌数量，有效地控制棉蚜为害。研究表明，地边种植油菜的棉田天敌量是未种油菜棉田天敌量的1.5倍。（4）保益控害技术。采用内吸性农药以点片涂茎的方法加以控制，既可有效地控制棉蚜数量，又可最大限度地保护田间天敌生存发展。合理控制化学农药使用，防治其他虫害时，尽量采用生物农药，以减少对天敌的杀伤。（5）化学防治。根据益害比，当益害比超过1∶150，卷叶率＞30％时，可考虑化学喷雾防治。

第三十二讲　棉　叶　螨

棉叶螨又称棉花红蜘蛛，各棉区均有发生，除为害棉花外，还为害玉米、高粱、小麦、大豆等，寄主广泛。新疆棉田害螨种类较多，分布广泛，棉叶螨在北疆发生为害重于南疆棉区，有的年份局部地区可造成棉花减产 10%～30%，暴发年份，造成大面积减产甚至绝收。在棉花整个生育期都可为害。棉叶螨为害时，在棉叶背面吸食汁液，使叶面出现黄斑、红叶和落叶等被害症状，形似"火烧"，俗称"火龙"。轻者棉苗停止生长，蕾铃脱落，后期早衰；重者叶片发红，干枯脱落，棉株变成光秆（图 32）。

图 32　棉叶螨为害状

发生规律：棉叶螨秋冬季节以雌成虫及其他虫态在冬绿肥、杂草、土缝内、枯枝落叶下越冬，翌年 2 月下旬至 3 月上旬开始，首先在越冬或早春寄主上为害，待棉苗出土后再移至棉田为害。杂草上的棉叶螨是棉田主要螨源。每年 6 月中旬为苗螨为害高峰，以麦茬棉为害最重，7 月中旬至 8 月中旬为伏螨为害棉叶。9 月上旬晚发迟衰棉田棉叶端也可受害。天气是影响棉叶螨发生的首要条件，高温干旱，久晴无降水，棉叶螨易大面积发生，而大雨、暴雨对棉叶螨有一定的冲刷作用，可迅速降低虫口密度，抑制和减轻棉叶螨为害。

防治措施：（1）清除螨源。早春季节，清除杂草减少螨源；及时清除带螨植株，将带螨植株带出田外销毁，防止蔓延扩散。（2）以点片防治为主，对叶片出现黄白斑、黄红斑、叶片变红的棉株进行点片挑治，发现一株打一圈，发现一点打一片。可选用三氯杀螨醇，或选用10％浏阳霉素、0.9％阿维菌素、73％克螨特、5％尼索朗及氧化乐果等药剂，按1∶2 000倍液定点定株喷雾防治。选择在露水干后或者傍晚时进行，增强药效，提高杀螨效果，同时要均匀喷洒到叶子背面，做到大田不留病株，病株不留病叶。为了防止棉叶螨产生抗药性，要搭配使用扫螨净、猛杀螨等杀螨剂。阿维菌素由于可正面施药，达到反面死虫的效果，防治起来更简单易行，且防治期长，效果稳定。（3）生物防治。棉叶螨的天敌较多，如瓢虫、捕食螨、小花蝽、蜘蛛等，有条件的地方，在棉叶螨点片发生期人工释放捕食螨，即在中心株上挂1袋，中心株两侧棉株各挂1袋，每个袋中置2 000头左右捕食螨。

第三十三讲 棉 铃 虫

棉铃虫主要为害棉花的嫩蕾、嫩尖、心叶和幼铃。主要是2～3代棉铃虫为害。其中一龄幼虫主要为害嫩尖和嫩叶，二龄幼虫主要为害蕾、花、铃。幼蕾被害后苞叶张开脱落，棉铃被害后造成烂铃和僵瓣，可导致严重减产（图33）。

图33 棉铃虫为害状

发生规律：棉铃虫俗称棉桃虫，属鳞翅目、夜蛾科，可为害棉花、玉米、番茄、向日葵、豌豆等作物，是一种暴发性、致灾性、毁灭性害虫。棉铃虫世代重叠，一般1年发生2代，有不完整的第3代。以蛹在土壤内越冬，地埂居多。越冬蛹一般5月中旬开始羽化，6月中、下旬第1代幼虫进入为害高峰期，7月下旬第2代幼虫进入为害高峰期，此时幼虫主要为害棉花的花蕾、花苞、幼铃，7月份1代老龄幼虫和2代幼虫同时为害，棉花受害较重，7月底2代幼虫开始入土化蛹；8月上、中旬第2代成虫大量出现，8月中、下旬第3代幼虫开始为害，此时主要为害棉花的花和青铃；9月随着气温的下降和作物的成熟收获，老熟幼虫钻入土中化蛹，深度3～6厘米，最深达10厘米。

防治措施：（1）加强监测预警。在各植棉区建立监测预警网点，进行系统监测，及时发出防治警报。（2）物理防治。利用棉铃虫成虫的趋光性，在棉田安装频振式杀虫灯诱杀成虫，能明显降低田间虫卵发生密度。一般每60亩安装1盏杀虫灯，灯高出作物50厘米，诱杀时间为5月1～9日。（3）农业防治。①种植玉米诱集带，诱杀虫卵。在棉田四周种植早熟玉米，株距20～25厘米，利用棉铃虫成虫在黎明以后集中在玉米喇叭口内栖息和在玉米上产卵的习性，于每天早晨日出前拍打心叶消灭成虫。6月30日至7月10日，在棉铃虫产卵盛期，砍除玉米诱集带，消灭虫卵。②秋耕冬灌、铲埂灭蛹。在秋作物收获后封冻前，深翻灭茬，铲埂灭蛹，破坏蛹室，使部分蛹被晒死、冻死，再经冬前灌溉增加湿度，致使大部分地中越冬蛹死亡。凡秋季未破埂的田块，开春后结合整地一律进行铲埂除蛹，可有效压低越冬基数。③人工捉虫采卵。④棉花间作高粱，诱集天敌。在棉田适当种植一些高粱，能够诱集蜘蛛、蚜茧蜂、瓢虫、食蚜蝇等天敌，吞食棉铃虫的卵和低龄幼虫。（4）选用转基因抗虫棉品种。抗虫棉不是完全不用防治虫害，在同样条件下抗虫棉一般较非抗虫棉蕾铃为害可减轻80%左右，防治指标较非抗虫棉高，一般情况

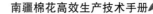

不需防治。但在棉铃虫大爆发情况下，棉铃虫数量远远超过抗虫棉防治指标时，也需采取辅助防治措施。另外，抗虫棉只抗棉铃虫，不抗蚜虫、棉叶螨等类害虫，当棉田发生其他虫害时要及时防治。还应注意 Bt 抗虫棉须禁止使用 Bt 农药，防止棉铃虫产生抗性。（5）采用生物防治，如利用天敌、喷施 Bt 制剂、阿维菌素等。（6）化学防治。选用药剂有 5％高效氯氰菊酯乳油 1 000 倍液、2.5％联苯菊酯乳油 3 000 倍液、1.8％阿维菌素乳油 4 000～5 000 倍液、40％辛硫磷 1 500 倍液等喷雾防治。根据棉铃虫的活动习性，以上午 10 点以前或下午 7 点以后用药为宜。施药关键期是卵孵盛期，根据棉铃虫在田间的发生实况，及时预测预报卵孵盛期日期。掌握防治指标，百株累计落卵量达 20 粒或 3 龄前幼虫达 10～15 头时，用药剂喷雾防治。

第三十四讲 霜冻对棉花的危害

霜冻是指地面最低温度＜0℃，植株体温降到0℃以下，对棉花组织器官或植株的危害。霜冻是新疆常见的气象灾害，特别是北疆棉花的主要灾害。霜冻有春、秋霜冻之分。春霜冻指春季升温很不稳定，由于短暂的0℃以下低温造成棉苗的受伤或死亡的现象。常常在棉花出苗以后出现霜冻天气，造成棉花苗受伤或死亡，春霜冻一般称之为晚霜冻和终霜冻。秋霜冻指秋季由于暂时0℃以下低温造成棉花受伤或死亡的现象。秋霜冻往往是造成棉花停止生长的因素。秋霜冻一般称之为早霜冻。霜冻危害程度有轻重之分，一般分为轻度霜冻、中度霜冻及重度霜冻三种类型。根据霜冻危害程度，采取不同的灾后管理对策。

图 34 棉花霜冻危害

危害症状：春霜冻造成烂种、烂根、死苗、发育滞缓等（图34），最终造成缺苗、断垄、晚发，影响产量品质。秋霜冻出现早的年份往往有大量棉桃还没吐絮，形成大量霜后花，使棉花产量和品质都受到极大影响。棉花的抗冻能力随叶龄增加而减弱。

防治措施：对于春霜冻：（1）要根据中长期天气预报，确定好适宜播期，防止过早播种，争取在霜后出苗。播期过早容易引起霜冻危害。一般南疆 4 月 10 日以后播种的棉花，往往可以避开霜冻危害。（2）采用地膜覆盖点播技术，可有效预防霜冻。（3）霜冻发生后要及时放苗封洞，及时解放顶膜的棉苗。（4）科学判断，及时补种，加强受冻棉花管理，不宜轻易重播。对于秋霜冻：（1）根据天气预报，调整安排棉花生产，争取初霜冻前棉花成熟。（2）打顶促早熟。（3）加强田间管理，增强植株抗冻性。

第三十五讲　倒春寒对棉花的危害

4~5 月是新疆棉花播种至出苗的关键时期，此时冷空气活动频繁，时常出现倒春寒天气，致使棉苗受冻死亡，造成严重灾害，导致重播，使棉花产量下降，品质降低，造成很大的经济损失（图 35）。

图 35　倒春寒危害

防治措施：（1）根据气象预报确定棉花播种期，使棉花在霜前播种霜后出苗，避开霜冻危害。（2）棉花烂种烂芽现象易在低温高湿环境下发生，掌握适宜墒情，抢墒播种是防止烂种的关键，使用适宜的种衣剂拌种包衣也是保证一播全苗的重要措施。（3）春寒来临前可燃放烟雾，顺风燃放使烟雾能覆盖棉田，可起到有效增温作用（一般可以增温 2~3℃）。

第三十六讲　风灾对棉花的危害

风灾是新疆棉花常见灾害，新疆有 80％植棉县市受沙漠化和风沙影响，发生频率较高。新疆棉花风灾主要集中在春季，一般 4～5 月大风较频繁、级别也较高，常达到 6～10 级以上，持续时间较长，并掺有沙尘，对地膜棉花影响极大。大风的危害主要是风力对棉花的机械破坏作用。一般 5 级以上大风就可造成棉花危害，8 级左右大风就会造成棉花重灾。

风灾分为 5 个级别：

0 级：棉株基本无风沙危害症状。

1 级：棉株倒一叶青枯，倒二、三叶边缘青枯，生长点正常。

2 级：棉株全株真叶青枯，子叶和生长点基本正常。

3 级：棉株子叶与真叶全部青枯，子叶节以上主茎青枯并弯曲，生长点青干。

危害特点：揭膜及棉苗大片倒伏、根系松动外露、叶片及棉花茎秆青枯破碎、折断等机械损伤，有些死亡。出苗前风灾可造成揭膜，降低地温和土壤墒情，影响出苗率和出苗速度。苗期风灾可造成嫩叶脱水青枯，大叶撕裂破碎，生长点青干，叶片刮断，形成光秆等。重则埋没棉苗，造成严重缺苗断垄，甚至多次重播或改种（图 36）。

防治措施：根据风害症状，将风害分为不同等级，根据不同级别进行救灾补灾。（1）做好预测预报和防护林建设，大力营造农村防护林网，退耕还林、还草，严禁滥砍滥伐，改善农业生态环境是防御大风灾害的根本措施。（2）做好压膜，调节好播种深

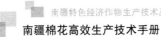

度；采用抗倒伏品种；采用与风向垂直的行向，棉苗受风危害较轻。（3）采用沟播能有效地防御大风的危害。大风来临之前，沙土地应采取棉区膜上加土镇压、耙耱中耕、摆放防风把（可用棉秆、芦苇秆）、支架防风带（化纤带）等以降低作物受害程度。（4）加强水肥管理。风灾后及时进行中耕追肥，及时抢播、补种。

图 36　棉花风灾危害

　　风灾后棉花翻种、补种、改种方案确定：棉花再生能力、补偿能力强，根据损失程度确定翻种、补种、改种方案。一般损失50％以下棉田，2 级受害棉株占棉田 85％～90％时，均有较好的保留价值，只需人工催芽补种。而死苗、生长点损失和全株叶片青枯达 50％以上的棉田，3 级受害棉株达棉田 80％～90％时，这类棉田要抓住时机及时翻种。如受害级别、受害株率均高，受灾时间晚，可进行改种。

第三十七讲　冰雹对棉花的危害

冰雹是新疆的主要灾害性天气之一，具有地域、季节性强、来势凶猛、强度很大、持续时间短等特点。虽然持续时间很短，但可以使作物瞬间毁灭。据统计，1977—1992 年，新疆农作物遭受冰雹灾害面积约 1 500 万亩，平均每年雹灾面积近 100 万亩，约占全疆播种面积的 1％。冰雹多发生在 5～9 月，新疆 80％的冰雹集中发生在 5～8 月，6～8 月发生频率较高，最多的是 6～7 月。此时又正值棉花现蕾和开花期，一旦受雹灾，轻则产量下降，重则绝产绝收，给农业生产造成巨大的经济损失。雹灾常伴随大风和降雨，南疆发生雹灾较频繁的地区有阿克苏，北疆奎屯河、玛纳斯河流域最为常见。

危害特点：雹灾强度不同，对棉花影响程度也不同。5 月的冰雹可造成棉田缺苗或改种，7～8 月的冰雹可造成棉田绝收，危害最大。造成的危害表现为：果枝折断，花、蕾、铃、叶片脱落，主茎、生长点严重受损，还易造成土壤板结、地膜受损等（图 37）。雹灾后棉花生长发育表现为生长发育推迟、成铃推迟、成铃数减少，秋桃比例大，断头棉田上部果枝腋芽处 3～5 天可发育出叶枝，并代替主茎成为新的生长点。

雹灾棉花受害程度一般分为 5 级：

1 级（轻度危害）：叶片破损，顶尖完好，果枝断枝率不足 10％，花蕾脱落不严重，有效期内，能自然恢复，基本不减产。

2 级（中度危害）：落叶破叶严重，主茎完好，果枝断枝率 30％以下，断头率<50％，多数花蕾脱落，生育进程处于初花期前后，可较快恢复生长，减产较轻。

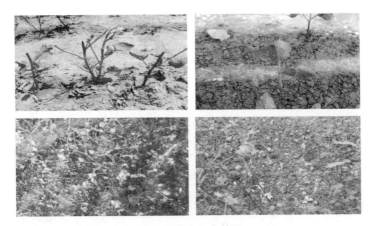

图 37　雹灾危害棉田

3 级（重度危害）：无叶片，主茎叶节基本完好，腋芽完整，果枝断枝率 60％以上，断头率 50％～70％，有效期内，加强管理，能恢复生育，一般减产 30％～40％。

4 级（严重危害）：无叶片，无果枝，光秆，30％以上腋叶完好，叶节大部完好，有效蕾期内，加强管理，有一定收获，但减产幅度大。

5 级（特重危害）：光秆，腋芽不足 30％，叶节大部被砸坏，有效期内，很难恢复，一般毁种。

预防措施：雹灾发生常带有突发性、短时性、局地性等特征，难以控制。因此，对冰雹灾害的防治措施有：（1）首先必须加强对冰雹活动的监测和预报，尽可能提高预报时效，抢时间，采取紧急措施，以最大限度地减轻灾害损失。（2）要建立快速反应的冰雹预警系统。（3）建立人工防雹系统。国内外广泛采用人工消雹，对预防雹灾具有较好效果。（4）尽快根据受灾棉花所处发育阶段和受灾程度确定补救方案和措施，积极补救。主要方案：对于以 1～3 级危害为主的棉田，应及时抢救，加强管理，争取少减产，一般不毁种。对 3、4 级危害为主的棉田，应根据

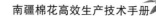
受灾棉花所处发育阶段确定，有效期内的，积极采取措施，促其快速恢复，不毁种；有效期不足的，可改种其他作物。对以 5 级危害为主的棉田，应尽快改种其他适宜作物。

图书在版编目（CIP）数据

南疆棉花高效生产技术手册／全国农业技术推广服务中心编．—北京：中国农业出版社，2019.10
（南疆特色经济作物生产技术丛书）
ISBN 978-7-109-26063-4

Ⅰ．①南…　Ⅱ．①全…　Ⅲ．①棉花－发育异常－防治　Ⅳ．①S435.62

中国版本图书馆 CIP 数据核字（2019）第 235198 号

中国农业出版社出版
地址：北京市朝阳区麦子店街 18 号楼
邮编：100125
责任编辑：孟令洋　国　圆
版式设计：韩小丽　　责任校对：吴丽婷
印刷：中农印务有限公司
版次：2019 年 10 月第 1 版
印次：2019 年 10 月北京第 1 次印刷
发行：新华书店北京发行所
开本：880mm×1230mm　1/32
印张：2.75
字数：80 千字
定价：12.00 元
